探秘细菌王国

细菌的演化

[以色列] 查娜·盖贝 文 / 图   程少君 / 译

天地出版社
TIANDI PRESS

图书在版编目(CIP)数据

细菌的演化 / (以)查娜·盖贝文、图；程少君译. —
成都: 天地出版社, 2020.9
（探秘细菌王国）
ISBN 978-7-5455-5803-6

Ⅰ.①细… Ⅱ.①查… ②程… Ⅲ.①细菌–少儿读
物 Ⅳ.①Q939.1-49

中国版本图书馆CIP数据核字(2020)第111474号

Ancient Bacterium
Text and illustrations by Chana Gabay
Copyright © 2018 BrambleKids Ltd
All rights reserved

著作权登记号　图字: 21–2020–203

XIJUN DE YANHUA
细菌的演化

出 品 人	杨 政	责任编辑	曹 聪
著 绘 人	[以色列] 查娜·盖贝	装帧设计	霍笛文
译 者	程少君	营销编辑	陈 忠 魏 武
总 策 划	陈 德 戴迪玲	版权编辑	包芬芬
策划编辑	李秀芬	责任印制	刘 元 葛红梅

出版发行　天地出版社
　　　　　（成都市槐树街2号 邮政编码:610014）
　　　　　（北京市方庄芳群园3区3号 邮政编码:100078）
网　　址　http://www.tiandiph.com
电子邮箱　tianditg@163.com
经　　销　新华文轩出版传媒股份有限公司

印　　刷	北京瑞禾彩色印刷有限公司	印　张	7.2
版　　次	2020年9月第1版	字　数	90千字
印　　次	2022年4月第5次印刷	定　价	98.00元(全4册)
开　　本	889mm×1194mm 1/20	书　号	ISBN 978-7-5455-5803-6

细菌的演化

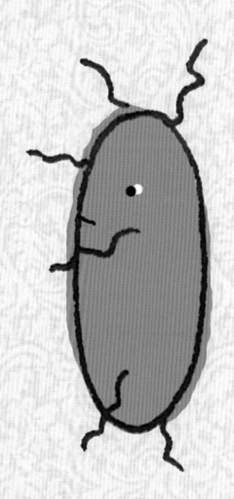

你好，我是细菌——
那个你在《你好，我是细菌》里遇到的
很小，
　　　很小，
　　　　　很小的单细胞生物。

你记得吗？我不仅个头小，还无处不在！
最重要的是，在你的身体里到处都有我的身
影。我能够帮助你健康地成长！

现在，我要跟你讲讲我的祖先的故事。我的祖
先叫古细菌，它们生活在很久很久以前。

翻开书，你将会了解到我们细菌家族从古细菌
到现代细菌的演化过程。在这个过程中，你还
会认识到各种不同的生物……

"古细菌"的"古"字意味着久远的过去，也就是非常非常古老的意思。

那么在地球上，哪种生物最古老呢？

也许是7亿多年前出现的水母。

水母

不，肯定不是恐龙！还差得远呢！更何况，恐龙现在已经灭绝了。

恐龙

沙丘鹤算古老，已经存在约
1,000万年了。

大蜥蜴还要出现得更早些，
距今大约2亿年。

这些生物都很古老，但都不
是最古老的。

沙丘鹤

大蜥蜴

那么地球上最古老的生命究竟
是什么呢？直接告诉你答案吧，
是我的祖先古细菌，还有我的
众多亲戚！没错，细菌是胜出
者！我们已经在地球上生存了
至少35亿年！

那时候，地球完全不是今天的模样。陨石从外太空坠落，猛烈地撞向地球，留下一个个大坑。
当时的地球**非常非常热**！

灼热的熔岩从硕大的火山口喷涌而出，顺着山坡流动。水以蒸汽的形式从滚烫的地表冒出来，并且在上升过程中凝结成雨水降落……最终汇聚在沼泽和海洋中。

时间：
38亿年前

当时的海洋就像是一大碗汤。事实上，很多科学家将这一时期的海洋称为"原始汤"或"早期汤"。

有了水之后，地球就做好了迎接生命的准备。最初，地球上只有微小的分子和酶。

这些最初的生命就是我们细菌的祖先古细菌，科学家们称之为原核生物。

原核生物由单细胞组成，只不过细胞里没有细胞核。这也是我们细菌与你（以及其他生命）的不同之处！

所有的生命都是由细胞组成。细胞虽小，但有些细胞却有一个位于中心的物质，名叫细胞核。

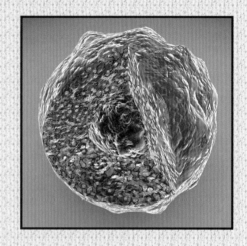

含细胞核的人体细胞

细胞核是细胞的管控中心。它特别重要，因为它里面含有DNA。

DNA是一种特殊的混合物，它让每一种生物都拥有自己独特的外观和行为方式。DNA就像生命的蓝图，决定了每一种生物的特性，并且确保这些信息能够代代相传。

接下来，我要给你介绍一位对我们细菌家族而言格外重要的人。他的名字叫**安东尼·列文虎克**，是一位荷兰科学家。在将近400年前，他发明了第一台真正的高倍显微镜。

你猜他在高倍显微镜的镜头下发现了什么？
没错！就是我们细菌！在此之前，没人知道我们的存在。

列文虎克显微镜
的复制品

20世纪初的
显微镜

现代
显微镜

9

慢慢地，一些原核生物（蓝绿细菌）开始发生改变，它们的生命形态变得更加复杂——我们把这个过程称为**进化**。进化了的蓝绿细菌叫作**蓝藻**。

这些新细菌通过一个叫作"光合作用"的过程获取能量。光合作用利用光、二氧化碳和水生成一种可以作为新细菌的食物的糖类。

与此同时，光合作用还有一个特殊的功能——制造氧气。人类和动物都需要氧气才能生存。

我们合成了氧气！

你知道叠层石吗？

这可不是普通的石头，而是和蓝藻息息相关的化石。其实，叠层石是一种由沉积物堆积形成的岩石，其中最主要的沉积物就是蓝藻。

叠层石是已知最古老的化石，如今仅在地球上的几个地方能找到。

这张照片上的叠层石位于澳大利亚西部的塞提斯湖，它们存活至今，且仍在不断壮大。

当蓝绿细菌开始制造氧气后，地球上的大气层就发生了变化。

一些生物没能在这场改变中存活下来。对它们来说，氧气就是毒药，于是它们灭绝了。

大多数生物通过改变存活了下来。一些选择了进化，以便能够充分利用氧气；另一些则找到了没有氧气的环境，比如地壳深处。

关于氧气的一切

氧气是一种无色无味的气体，它是人类、动物和植物呼吸的空气中重要的组成部分。

大气中含有氧气。

还有一些找到了互帮互助的方式，这一合作的过程叫作：

共生。

共生就是两种生物共同生存，一方为另一方提供有利于其生存的帮助，同时也获得对方的帮助。一个无法利用氧气的生物可以与一个可以利用氧气的生物生活在一起。看看右边的几张照片，了解一下动物之间的共生关系吧！

许多鸟类都与其他物种形成了长期密切的共生关系。每一个物种都从共生关系中各取所需。

水中也含有氧气，你吃的所有食物中都含有氧气。

还有，包裹在地球外层，使我们免受太阳伤害的臭氧层中也含有氧气。

一只红嘴牛椋（liáng）鸟正在啄食牛身上的虱子和跳蚤。

牛背鹭站在绵羊背上啄食寄生虫。绵羊身上的跳蚤被清理，而牛背鹭则饱餐了一顿。

鸻（héng，又称牙签鸟）钻进鳄鱼的嘴里，啄食鳄鱼牙缝里的残渣剩食和寄生虫。鳄鱼拥有了一位十分尽职的义务保健员，而牙签鸟则在鳄鱼的牙缝里填饱了肚子。

13

细菌的演化并没有到此为止！

大约21亿年前，一些细胞发生了另一个大飞跃。与原核细胞不同的是，这些细胞进化出了细胞核。细胞核是细胞保存DNA的控制中心，**真核细胞**由此诞生。

与此同时，由真核细胞构成的微生物最终进化成了**真核生物**。

真核细胞既能以单细胞的形式存在，如真菌、藻类或其他原生生物，也能与几万亿个细胞一起形成其他生物。

你们人类就是由几十万亿个真核细胞构成的，其他的动物、植物也是如此。

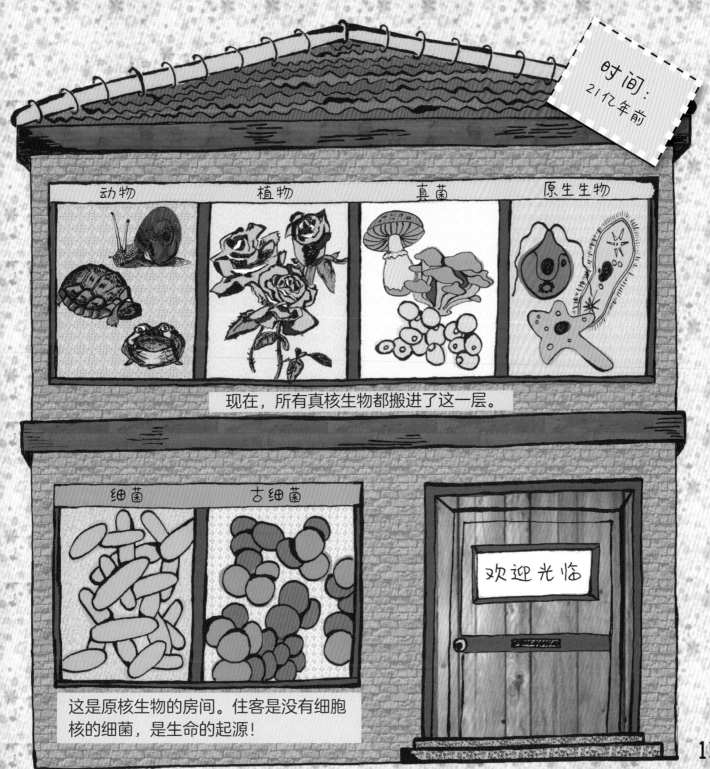

到了15亿年前，很多细胞认为仅仅生活在一起还不够，所以就变成了其他生物或有机体的"宿主"，邀请这些生命寄住在自己体内。

听起来有点儿不可思议，对吧？

实际上，这个方案还不错，这是另一种形式的共生关系，同时也是进化过程中非常重要的一步。那些被"吞掉"的生物至今还陪伴着细胞——变成了**线粒体**和**叶绿体**，是现代细胞的组成部分。

这样看来，你们人类的细胞中包含了我的祖先——古细菌，它们现在还在你的体内生活呢。

独居会令人不安，不过，我们细菌找到了解决办法——我们决定群居生活，这种群体被称为**菌落**。

在菌落中，只要遵循一套简单的规则，各项工作就能井然有序地展开。以下是我们菌落的规则……

欢迎来到菌落镇

菌落必须由同一种细菌组成。

菌落中的细菌必须一起生活，互帮互助。

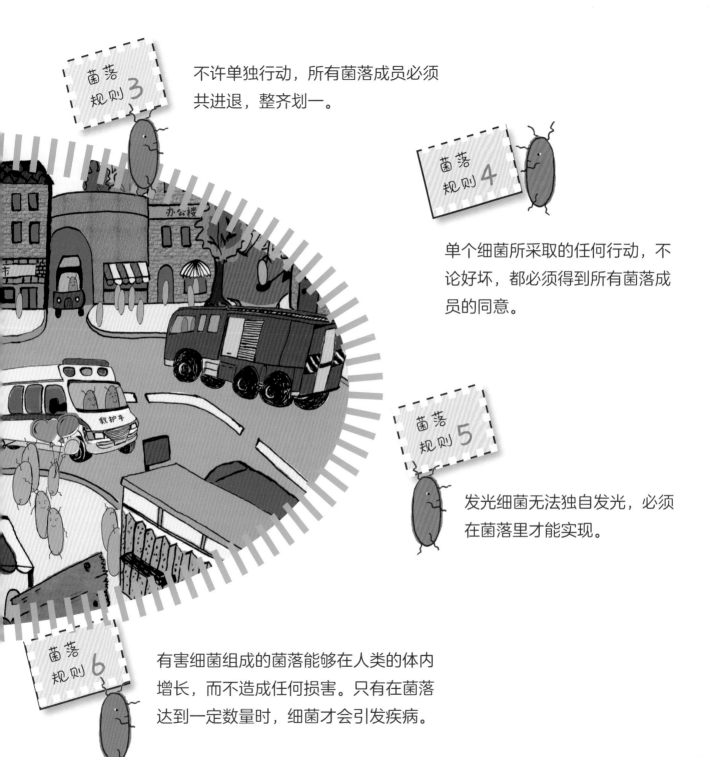

菌落规则 3

不许单独行动，所有菌落成员必须共进退，整齐划一。

菌落规则 4

单个细菌所采取的任何行动，不论好坏，都必须得到所有菌落成员的同意。

菌落规则 5

发光细菌无法独自发光，必须在菌落里才能实现。

菌落规则 6

有害细菌组成的菌落能够在人类的体内增长，而不造成任何损害。只有在菌落达到一定数量时，细菌才会引发疾病。

菌落里的集体生活带来了细菌进化史上的又一大突破。

很快，一些新的生物出现了，它们与我们细菌及一部分单细胞真核生物不一样。这些生物由数万亿个真核细胞组成。

细胞仍然是最基础的生命单位，不同的细胞职责也不同。好在它们能够友好相处，齐心协力帮助所属的有机体正常运行。

来看看细胞构成了多少形态各异的动物和植物！

植物

真核植物细胞

原生生物

动物

人类

真核细胞

蓝藻

细菌

第一个细胞！

看！这就是地球上生命的起源过程。

生命之树

真菌

第一个真核
细胞

古细菌

请注意！

即使所有生物都从世界上消失，这个世界仍将继续
存在，但是，一旦细菌消失，这个世界也将随之消
失！现在你知道我们细菌的重要性了吧！

我们虽然个头小，但只要数量够多，我们就能组成超级强大的细菌部队，保护其他生命。

你们人类有必要知道这一点：我们创建了**微生物组**。

微生物组是由微生物组成的一个小宇宙，存在于包括人类在内的其他生物的体内或体表之中。

其实，**微生物组构成了你的整个身体的控制中心。**一个健康的微生物组能够让你远离疾病，帮助你的身体进行新陈代谢。

什么是微生物组？

微生物组是人体内所有细菌的统称。

你身上不同的部位都有各自的细菌种类。比如，像牙齿这样的坚硬部位和脸颊（或舌头）这样的柔软部位所拥有的细菌是不一样的。

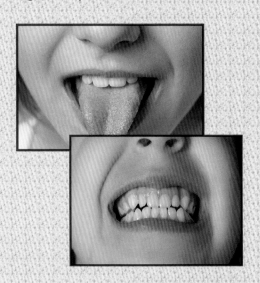

像皮肤这样的干燥表面的细菌与人体内部湿润表面（比如肠道内壁）的细菌也完全不同。

每种细菌虽然职责不同，但对于你们人类来说都同样重要。

微生物组和你的免疫系统一起保护你。

微生物组可以分解食物，帮助你完成消化过程。

微生物组甚至决定了你的基因运作方式。

现在你明白了吧？我们喜欢看到你健康快乐地成长。因为你开心我们就开心，你健康我们就健康！我们是你的好朋友。

我们细菌一直在照顾你。
为了你的健康，你也要照顾我们呀！
那么怎么做才能够照顾我们呢？
喂我们吃大量的水果、蔬菜、坚果和粗纤维谷物。
多吃酸菜、酸奶等发酵食品。

每天吃不同种类的食物，因为不同的细菌喜欢的食物
也不同。

切记尽量少吃——

精糖。很多零食中都含有精糖，如糖果、饮料、奶油
蛋糕、冰激凌等。

消化系统

你吃饭的时候，食物从你的口腔流向胃部，流经你的消化系统，整个过程中都有我们细菌在**帮助你分解食物，确保你能够从中获得大部分的营养和能量。**

这就是我们帮助你健康成长的方式之一。

你能看出哪个区域的细菌最多吗？

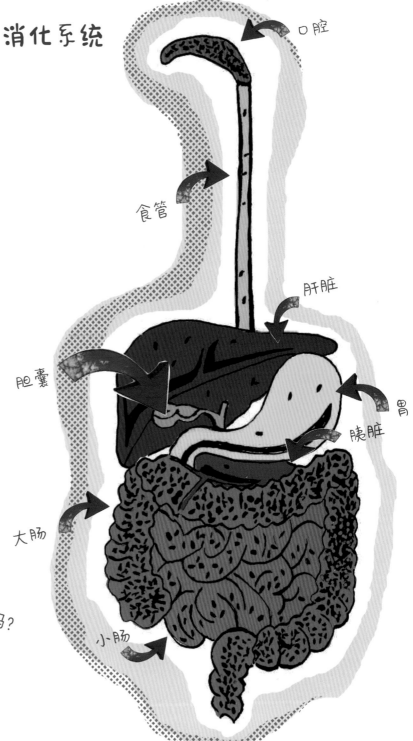

口腔

食管

肝脏

胆囊

胃

胰脏

大肠

小肠

消化食物

反刍动物的消化过程完全依赖它们的细菌伙伴。牛、骆驼和长颈鹿都是反刍动物，它们体内有一个特殊的胃腔，叫作瘤胃。

反刍动物的胃有4个胃腔，瘤胃是其中之一。瘤胃就像一个发酵罐，细菌就在这里帮助反刍动物分解食物。

细菌的历史

这就是我们细菌演化的过程。

我们已经在地球上生存了35亿年。这期间，许多生物在各种各样的灾难中消失了，但我们却坚强地存活了下来……

火山喷发出的熔岩和气体没有杀死我们……

导致恐龙灭绝的陨石撞击也没有对我们产生影响。

我们不仅共享家园，甚至共享身体……从而进化出各种器官和不同形式的生命……

最终演化成了现存的动物和植物，**其中就包括人类！**

我们是地球中不可或缺的一部分。
我们无处不在……

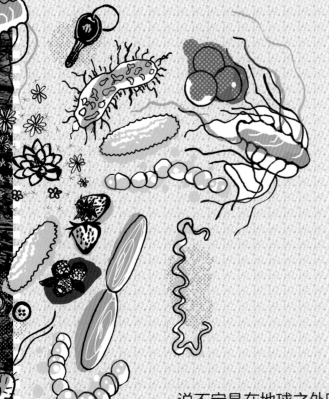

我们可以在炽热的火山口里生活，也可以在严寒的冰川中生存……
我们甚至享受了一次太空之旅——连宇航服都没穿哟！

以后你还能在哪儿找到我们？谁也不知道。

说不定是在地球之外呢！没错，在浩瀚宇宙的某个角落里，或许其他星球上也存在着细菌。如果是这样，我们的传奇故事就要开启一个新的篇章……

关于作者

查娜·盖贝博士在孩童时期便对医学产生了浓厚的兴趣。她在高中时就加入了以色列魏茨曼学院的一个医学研究小组。高中毕业后，她考上了以色列著名的本·古里安大学，获得临床医学学士和生物学学士双学位。后来，又在希伯来大学攻读了医学硕士和博士学位。毕业后，盖贝博士在医院工作了7年。如今，她致力于癌症领域的科研工作，以及藻类、细菌、真菌、植物细胞、果蝇、小鼠细胞系和人类淋巴瘤等有机体的研究。此外，盖贝博士也是著名的医学文献和医学书籍译者。

这套书是盖贝博士创作的第一套童书，最初的构想是为她的孩子创作一套适龄的微生物科普读物。在创作这套书的过程中，作者不仅用生动、幽默的语言，准确地讲述了细菌的知识，而且还绘制了萌趣可爱、脑洞大开的插图。

图片来源

第 6 页: jar

第 8 页: Naeblys

第 9 页: portrait by Jan Vercolje Wikimedia
Commons;
bottom left Jeroen Rouwkema Wiki
media Commons;
centre unknown Wikimedia Commons;
right cooperr

第11页: EAGiven

第13页: Juniors Bildarchiv GmbH Alamy Stock
Photo; Martino77; 263Oben

第24页: Shell114 Valiza

第29页: cow Sofia Iartseva; camel Evans van
Veen; giraffe davegkugler

第31页: Vadim Sadovski

献给我的孩子们：
希莱勒、德瓦士和阿嘎姆。